Rahul Pingale

Encre soja à base d'eau pour l'emballage

Rahul Pingale

Encre soja à base d'eau pour l'emballage

ScienciaScripts

Imprint

Any brand names and product names mentioned in this book are subject to trademark, brand or patent protection and are trademarks or registered trademarks of their respective holders. The use of brand names, product names, common names, trade names, product descriptions etc. even without a particular marking in this work is in no way to be construed to mean that such names may be regarded as unrestricted in respect of trademark and brand protection legislation and could thus be used by anyone.

Cover image: www.ingimage.com

This book is a translation from the original published under ISBN 978-620-0-43797-6.

Publisher:
Sciencia Scripts
is a trademark of
Dodo Books Indian Ocean Ltd. and OmniScriptum S.R.L Publishing group
Str. Armeneasca 28/1, office 1, Chisinau MD-2012, Republic of Moldova, Europe
Printed at: see last page
ISBN: 978-620-5-35651-7

Copyright © Rahul Pingale
Copyright © 2022 Dodo Books Indian Ocean Ltd. and OmniScriptum S.R.L Publishing group

TABLE DES MATIÈRES

CHAPITRE I

INTRODUCTION

"La demande des clients de l'imprimerie pour des produits imprimés ayant un impact minimal sur l'environnement augmente à un rythme extrêmement rapide", a déclaré Michael Makin, président et PDG de Printing Industries of America (PIA) [1]. Le respect de l'environnement par une entreprise est très important de nos jours, en raison du nombre croissant de demandes de la part des clients. Le partenariat Sustainable Green Printing (SGP) a été créé en juin 2007 par trois organisations d'imprimerie fondatrices : PIA/GATF, Specialty Graphic Imaging Association (SGIA) et Flexographic Technical Association (FTA) [2]. Sa mission est "d'encourager et de promouvoir la participation au mouvement mondial visant à réduire l'impact environnemental et à accroître la responsabilité sociale de l'industrie de l'impression et des communications graphiques par le biais de pratiques d'impression écologique durables" [3]. La SGP souhaite que l'industrie de l'impression et des communications graphiques utilise davantage de matériaux respectueux de l'environnement.

Le marché des emballages en carton ondulé connaît une croissance rapide dans les pays développés, notamment aux États-Unis, et connaîtra un taux de croissance annuel de 5,6 % selon l'étude réalisée par The Freedonia Group, rapportée par la publication en ligne Packaging outlook publiée en 2018 [4]. Les emballages en carton ondulé visent à utiliser des revêtements composés de polymères biodégradables, mais il n'est que logique d'imprimer dessus avec des encres biodégradables. Les encres à base d'eau (WB) représentent une tendance passionnante dans l'industrie de l'emballage flexographique, en raison de leur nature inoffensive pour l'environnement ; une croissance significative de leur utilisation a lieu [5].

Dans le cas des encres flexo à base d'eau, on utilise généralement des polymères acryliques dérivés du pétrole. De plus, les polymères acryliques sont utilisés dans une variété d'applications, telles que les industries de l'automobile, des appareils médicaux, des peintures et des adhésifs. Souvent, l'industrie des encres doit faire concurrence à d'autres industries pour obtenir des polymères acryliques, ce qui rend le processus coûteux et long. Il existe un manque d'informations sur l'utilisation des polymères de soja dans les encres flexographiques à base d'eau [6]. Pour être vraiment "vert" ou respectueux de l'environnement, il est important de remplacer les résines d'encre fabriquées à partir de matières premières fossiles dans les encres par des résines respectueuses de l'environnement produites à partir de ressources renouvelables. L'objectif de cette recherche était d'étudier si les encres WB fabriquées à partir de résines renouvelables et/ou biodégradables produites à partir de ressources renouvelables, à savoir la protéine de soja, pouvaient être comparables aux résines acryliques conventionnelles (produites à partir de matières premières pétrolières), et donc les remplacer, lorsqu'elles sont imprimées sur du papier ou du carton kraft, qui est principalement utilisé dans l'impression d'emballages ondulés [3].

L'accent sera mis sur les encres pour les cartons de couverture, car le carton de couverture est un substrat utilisé essentiellement avec des formulations d'encre à base d'eau à 100 %, et le secteur de l'emballage en carton de couverture connaît une croissance exponentielle [7]. La première étape consistera à formuler une encre à base d'eau en utilisant une solution entièrement acrylique et des polymères en émulsion comme résines. Ensuite, une partie de la formulation de l'encre sera remplacée par des polymères de soja, en procédant par incréments de 20-40-60 jusqu'au remplacement à 100 % de la résine acrylique en émulsion correspondante. L'encre de couleur cyan formulée sera testée pour son imprimabilité, sa rhéologie et ses propriétés d'utilisation finale telles que la résistance au frottement, la brillance et l'adhérence. Cela permettra de formuler une encre flexographique à base d'eau véritablement respectueuse de l'environnement, tout en éliminant les émissions de COV.

1.1. Aperçu du processus de flexographie

Aux États-Unis, les emballages sont le plus souvent imprimés par le procédé d'impression flexographique (flexo), car il est moins coûteux que l'héliogravure, qui est un autre grand procédé d'impression d'emballages. La flexographie est plus polyvalente que les autres procédés d'impression, ce qui signifie qu'elle est capable d'imprimer pratiquement sur tous les substrats. En outre, en raison de la souplesse de son support d'image, elle est plus indulgente que l'héliogravure ou la lithographie en ce qui concerne le lissage du support. La flexographie est principalement utilisée pour les applications d'emballage, telles que les conteneurs ondulés, les sachets souples, les films, l'impression sur carton, etc. Ce procédé n'est rien d'autre qu'une version modifiée de l'impression typographique, qui utilise également une surface en relief comme zone d'image. Les plaques flexo, qu'elles soient moulées en caoutchouc ou imprimées sur un photopolymère, sont généralement fabriquées à partir de matériaux flexibles. Le principe de fonctionnement de la flexographie est illustré à la figure 1 [8].

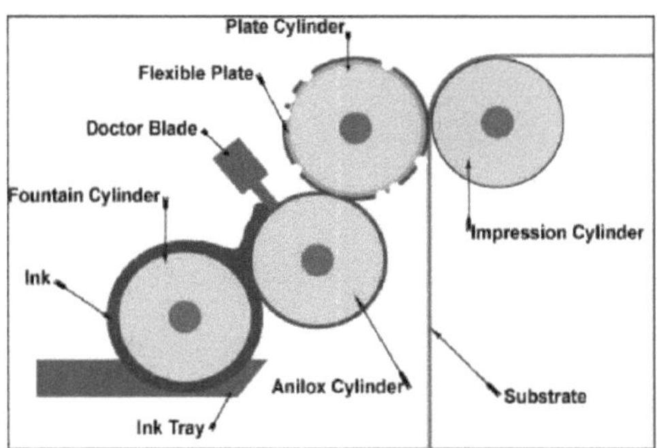

Figure 1. Procédé d'impression flexographique [9]

Dans sa forme la plus simple et la plus courante, le procédé de flexographie se compose de quatre éléments [9,10] :

1. Système d'encrage par rouleau d'encrier et lame docteur,

2. Rouleau compteur d'encre (Anilox),

3. Cylindre à plaque,

4. Cylindre d'impression.

Le rouleau d'encrier tourne dans un réservoir d'encre. Son objectif principal est de prélever et de délivrer un flux d'encre relativement important de l'encrier (ou de la chambre à racle fermée) au rouleau anilox, qui est généralement en céramique et équipé de minuscules cellules gravées illustrées à la figure 2. Le nombre de cellules varie de 80 à 2000 cellules par pouce linéaire, selon la résolution. La linéature de la trame dépend principalement du type de substrat. Les substrats plus poreux absorbent plus d'encre, et dans ce cas, un anilox à faible nombre de lignes est utilisé pour délivrer plus d'encre [11].

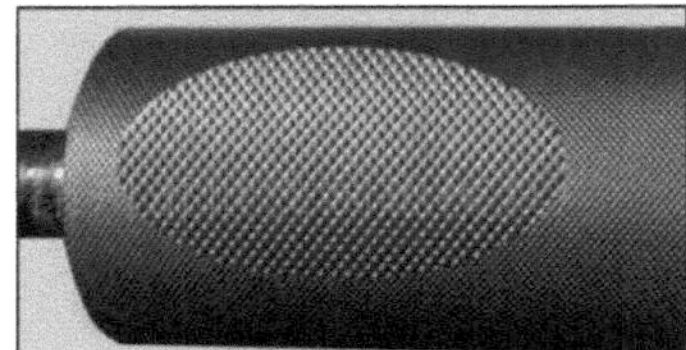

Figure 2. Rouleau anilox [12]

Le processus d'impression flexographique dépend du transfert précis et contrôlé d'une encre, d'un vernis ou d'un revêtement liquide. Le rouleau anilox est un rouleau doseur chromé ou céramique conçu pour fournir de façon constante un volume d'encre uniforme et mesurable depuis le rouleau d'encrier sur le support d'image/cylindre porte-plaque (parfois associé à une racle pour essuyer l'excès d'encre sur le rouleau). Ainsi, le rouleau anilox est un composant extrêmement important du processus flexographique, ayant la capacité de modifier efficacement le résultat de l'impression grâce à la réceptivité de l'encre et à ses capacités de libération ; le volume d'encre transféré est extrêmement important pour la reproduction des demi-teintes et des couleurs de traitement. Le nombre de cellules sur un rouleau anilox est appelé "lpi" (lignes par pouce) et détermine la quantité d'encre qui sera transférée sur le cylindre porte-plaque. Ces cellules sont généralement gravées mécaniquement ou au laser et sont classées en 5 types de structures cellulaires : trihélique, pyramide, quadrangulaire, hexagonale, canal hexagonal (voir figure 3).

Plus le nombre de lpi de l'anilox est élevé, plus le nombre de cellules est important, moins la quantité d'encre déposée est importante et plus l'alimentation en encre est contrôlée. La trame ou lpi est l'élément principal à comprendre lors de la spécification d'un rouleau anilox, car la lpi est choisie en corrélation directe avec le volume anilox. Le volume du cylindre anilox est la capacité de la surface gravée par pouce carré, exprimée en milliards de microns cubes (BCM). Un volume plus important se traduit par une densité d'encre solide plus élevée, plus de couleur ou une épaisseur de couche plus importante. Les volumes inférieurs appliquent des films d'encre plus fins, directement associés à une meilleure qualité d'impression et à une plus grande efficacité du processus.

Le rouleau tramé (figure 2) fournit un fin film d'encre à la plaque d'impression. C'est pourquoi les rouleaux de la fontaine et de l'anilox sont réglés pour tourner l'un contre l'autre avec le minimum de pression nécessaire pour former un bassin derrière la ligne de contact. Le rouleau anilox est souvent utilisé avec une racle à angle inversé pour essuyer l'excès d'encre sur le rouleau. Le système d'encrage à chambre [9] est couramment utilisé sur les presses flexo à laize étroite pour imprimer de manière plus régulière et plus précise, sans être confronté aux problèmes liés à l'évaporation des solvants et à l'instabilité rhéologique.

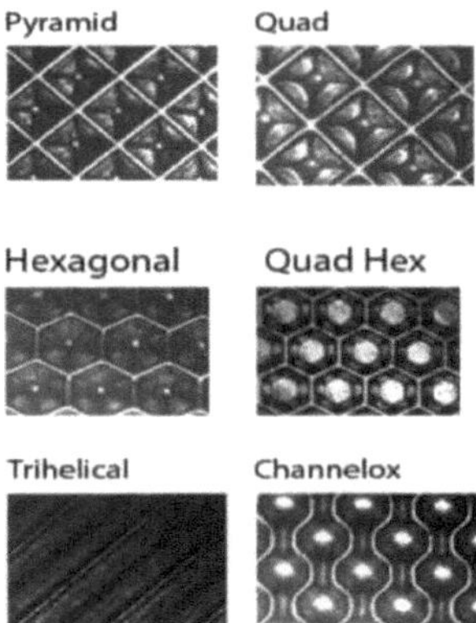

Figure 3. Cellules anilox [13]

Le cylindre porte-plaque en acier avec plaque flexo montée est installé entre le rouleau anilox et le cylindre d'impression. Les plaques d'impression (figure 4) sont fixées au cylindre porte-plaque à l'aide d'un ruban adhésif double face spécial appelé "stickyback". La surface en relief de la plaque d'impression absorbe l'encre de l'anilox et la transfère sur le substrat. Le cylindre d'impression, qui est situé sur le côté opposé du substrat par rapport au cylindre porte-plaque, soutient le substrat et crée la ligne de contact.

Figure 4. Plaque photopolymère pour la flexographie [14].

1.2. Flexographie Encres d'emballage

Les encres sont des suspensions colorées destinées à reproduire des images colorées sur des surfaces d'impression. La majorité des encres d'imprimerie sont constituées d'un colorant, soit un pigment, qui est insoluble dans son véhicule, soit un colorant, qui est soluble dans son véhicule [15]. Les encres flexo peuvent être formulées pour répondre à des besoins spécifiques, en fonction de la configuration de la presse et de la surface du substrat. Ces encres sont fluides et sèchent rapidement. Les encres d'emballage flexo peuvent être classées en fonction de leur composition chimique dans l'un des principaux types suivants [15] :

1. À base d'eau (WB),

2. A base de solvant,

3. Encres à séchage énergétique (UV/EB).

Toutes ces encres sont composées de colorants et de véhicules. Les colorants, qui peuvent être des pigments ou des colorants, donnent à l'encre sa couleur. Les pigments peuvent être divisés selon leur nature chimique, inorganique ou organique, ou selon leur fonction, comme les pigments de couleur conventionnels (jaune, magenta, cyan et noir), les pigments de couleur d'accompagnement, les pigments à effets spéciaux, métalliques et fonctionnels, comme les pigments conducteurs ou semi-conducteurs [16]. Les résines contribuent à l'imprimabilité, à la rhéologie/viscosité (écoulement), à l'adhérence et à la stabilité de l'encre. Les solvants sont, essentiellement, des agents porteurs qui transportent l'encre de la fontaine au tambour et au substrat. Enfin, les additifs apportent certaines propriétés particulières à la formulation de l'encre. Ils peuvent améliorer la brillance, l'opacité et la résistance à la chaleur, à l'humidité, à la décoloration et au frottement [9].

Pigments : Responsables de ce que nous voyons sur une page imprimée, c'est-à-dire la couleur de l'encre, qui est l'ingrédient le plus cher et contribue à environ 50 % du coût de l'encre. Les pigments sont des matières particulaires solides qui absorbent ou diffusent la lumière. Ils doivent être broyés afin de les disperser dans la résine et de les maintenir dans la dispersion. Les pigments ont une structure cristalline et doivent être répartis uniformément afin de produire une impression de bonne qualité. Les pigments peuvent être classés en pigments organiques, inorganiques, métalliques, fluorescents, nacrés, etc., qui sont tous insolubles dans le véhicule, alors que les colorants sont solubles dans le véhicule. Lorsqu'on se réfère à un pigment, on le fait souvent par son numéro de formule ou par son nom d'indice de couleur.

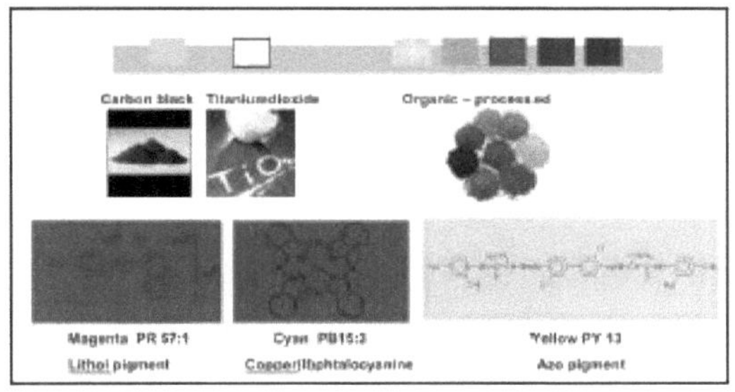

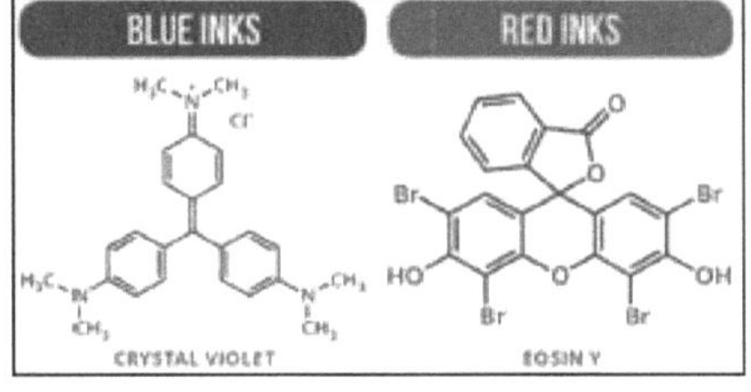

Figure 5. Types de pigments [17]

Les pigments sont fréquemment utilisés dans de nombreuses applications d'impression, tandis que les colorants sont plus courants dans les encres à base d'eau, comme celles que l'on trouve dans les stylos. Bien que plus récemment, il y ait eu des encres qui utilisent à la fois un colorant et un pigment. L'éosine, couramment utilisée dans les stylos à plume rouges, est un exemple de colorant. Deux pigments inorganiques sont le dioxyde de titane, utilisé dans les encres blanches, et le noir de carbone, utilisé pour fabriquer des encres noires. Les pigments organiques sont utilisés pour les encres colorées ; les exemples sont les pigments de phtalocyanine qui donnent des encres vertes et bleues, et les pigments azoïques pour les encres rouges et jaunes. Au cours des dernières décennies, les préoccupations en matière de santé et d'environnement ont conduit à la réduction de l'utilisation des pigments de couleur inorganiques, car ils contiennent généralement des métaux lourds toxiques [18].

Résines : Elles sont responsables de la liaison des pigments et contribuent à la brillance et à l'adhérence de l'encre. Les résines synthétiques pour les encres fluides telles que les encres flexo ou hélio à base d'eau sont des résines acryliques. Les résines alkydes, quant à elles, sont utilisées dans la formulation des encres litho. Un exemple de résine naturelle est la colophane, qui est constituée d'acide abiétique, et qui est obtenue à partir de pins ou comme sous-produit de la fabrication de pâte kraft. La colophane est la principale matière première pour la formulation des encres hélio de publication à base de solvants. D'autres dérivés courants de la colophane sont connus sous le nom de fumariques.

Le véhicule, également appelé liant ou vernis, permet au colorant de se disperser et de rester sous une forme imprimable, de sorte que le colorant puisse atteindre le substrat ou la surface, et s'y fixer. Les véhicules sont généralement des résines qui restent sur le substrat ou la surface avec le colorant, parfois avec les additifs, qui sont également considérés comme faisant partie du véhicule. Les résines sont le plus souvent des matériaux polymères, certains exemples de résines synthétiques étant les résines époxy, les résines polyamides ou les résines acryliques.

Solvants : Ils permettent de conserver l'encre sous forme liquide, de maintenir la dissolution de la résine ou du polymère, de réguler la viscosité de l'encre et sont également un facteur important de la sécurité de l'encre. Les solvants représentent généralement moins de 40 % du poids de l'encre. Le solvant est utilisé pour dissoudre le liant de l'encre, et aussi pour modifier la viscosité de l'encre. Le xylène, le toluène, l'huile minérale, les alcools, les esters, les cétones et l'eau sont des exemples de solvants. De nombreuses formulations d'encre sèchent par la chaleur, le solvant étant éliminé par l'évaporation de l'encre. Certaines encres, comme celles à séchage UV, ne contiennent pas de solvant, mais des monomères liquides, qui se polymérisent et deviennent une partie solide de l'encre.

Additifs : Il existe un certain nombre d'additifs dans l'industrie des encres. Certains sont présents dans de nombreux types d'encres, comme les cires, d'autres sont très spécifiques à certains types d'encres, comme les antimousses, que l'on trouve uniquement dans les encres à base d'eau. Ils aident à transporter, à stabiliser et à améliorer le produit final. Les additifs représentent généralement le plus petit pourcentage de la composition de l'encre, présents dans les encres dans moins de 5% de leur formulation. Ils sont utilisés pour ajuster les propriétés de l'encre ou ajouter une propriété à l'encre, augmentant ainsi ses performances. Une encre peut contenir des additifs tels que des cires, des plastifiants, des agents antimousse, des promoteurs thixotropes, des azurants optiques, des agents anti-peau, des promoteurs d'adhésion et des siccatifs.

Réducteur : L'objectif est de produire un film brillant clair sur le matériau imprimé, principalement utilisé dans les encres litho, comme l'huile de graines de tung.

Cires : Fournissent une résistance chimique et augmentent la résistance au frottement. Les cires sont souvent fondues dans le solvant utilisé, elles peuvent être synthétiques ou naturelles. Les cires de polyéthylène sont des exemples de cires synthétiques. La carnauba ou la cire d'abeille sont des cires naturelles [19].

1.3. Encres à base d'eau

Une encre à base d'eau est une encre dont le colorant est soit un pigment, soit un colorant. Les pigments sont généralement employés dans une suspension colloïdale avec des résines polymères de différents poids moléculaires, et de l'eau comme solvant. Bien que le principal solvant des encres à base d'eau soit l'eau, d'autres co-solvants peuvent également être présents. Ces co-solvants sont généralement des COV, tels que l'alcool isopropylique ou propylique normal, mais ils doivent être présents en quantités inférieures à 5 % dans les formulations d'encre.

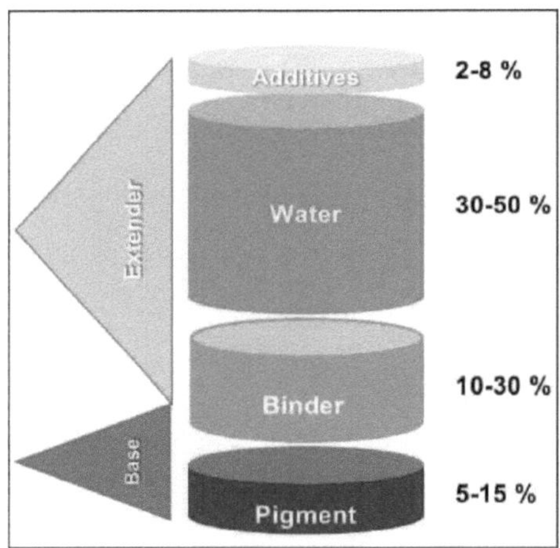

Figure 6. Composition d'une encre à base d'eau pour la flexographie [20].

Les encres à base d'eau existent depuis environ 2500 avant J.-C. Les premières encres à base d'eau étaient des encres d'écriture noires qui étaient généralement des suspensions de carbone dans l'eau stabilisées par de l'albumine d'œuf ou une gomme naturelle [19]. Bien que les encres à base d'eau existent depuis plus de 4 500 ans, elles ont été très peu utilisées jusqu'à la fin des années 1960. Les encres à base d'eau présentaient des problèmes inhérents et ont donc été ignorées pendant un certain temps comme une option viable par rapport aux encres à base de solvants. Dans les années 1970, une pénurie de pétrole brut, combinée à une nouvelle prise de conscience des effets néfastes que les solvants contenus dans l'encre pouvaient avoir à la fois sur les humains et sur l'environnement, de nouvelles lois sont entrées en vigueur, obligeant l'industrie de l'encre à rechercher une alternative sous la forme d'encres à base d'eau [21]. L'objectif de l'utilisation d'encres à base d'eau est d'éliminer complètement les produits chimiques dangereux de l'encre, et pas seulement de réduire les COV présents.

1.3.1. Propriétés utilisées pour classer les encres

Pour déterminer quelle encre doit être utilisée pour un processus ou une application particulière, les propriétés examinées sont les suivantes : la viscosité, l'adhésivité de l'encre, ou sa capacité à adhérer aux surfaces, la taille des particules, la couleur ou la force de la couleur, le temps de séchage, la résistance au frottement et le brillant. Déterminer si une encre spécifique peut être utilisée pour une application donnée peut également dépendre du solvant qui peut rester dans le film d'encre, de l'odeur que l'encre peut transférer au substrat ou libérer, de la décoloration du colorant, de la résistance à la chaleur, de la résistance au froid, de la thermosoudure ou de toute autre propriété [22].

1.3.2. Propriétés des encres à base d'eau

Les principales propriétés intéressantes des encres à base d'eau sont la viscosité, la tension superficielle, la stabilité de la dispersion colloïdale, la taille et la forme des particules de colorant, la stabilité au cisaillement, le ressuage, la capacité à mousser, la résistance au frottement, la résistance à l'eau, la température du point d'ébullition, le pH et la viscosité. Les encres à base d'eau sont formulées pour leur application spécifique et leurs propriétés ou caractéristiques. Il s'agit du type de processus d'impression dans lequel elles doivent être utilisées, du substrat ou de la surface sur laquelle elles doivent être imprimées, de l'environnement auquel l'encre sera exposée, de la texture de l'encre, de la couleur de l'encre, etc. [22]

L'écoulement d'un fluide se divise en quatre catégories : newtonien, non-newtonien (pseudo plastique), dilatant et thixotropique [19]. L'écoulement du liquide, où la viscosité reste constante lorsqu'une force de cisaillement est appliquée, est appelé écoulement newtonien. L'eau présente un écoulement newtonien, tandis qu'un liquide dont la viscosité diminue avec une augmentation du cisaillement est un exemple d'écoulement non newtonien ou d'écoulement pseudo plastique. Lorsque la viscosité et le cisaillement augmentent ensemble, on observe un écoulement dilatant. L'écoulement thixotrope est caractérisé par une diminution de la viscosité avec une augmentation du cisaillement, ce qui est similaire à l'écoulement pseudo plastique à l'exception du fait que l'écoulement thixotrope s'applique dans le domaine temporel. Le comportement d'écoulement thixotrope est observé principalement dans les encres à base d'eau. Ainsi, la viscosité de l'encre diminue lorsqu'une force de cisaillement est appliquée, et lorsque la force de cisaillement est supprimée, la viscosité revient à sa valeur précédente [22].

La tension superficielle d'une encre affecte des propriétés telles que le moussage d'une encre et la mouillabilité. La mouillabilité d'une encre est la tendance de l'encre à s'étaler sur un substrat ou une surface. La meilleure situation pour le revêtement d'un substrat se produit lorsque l'énergie de surface du substrat est beaucoup plus grande que la tension de surface du liquide qui va recouvrir le substrat. C'est un problème pour les encres à base d'eau, car l'eau a une tension superficielle très élevée de 72 mN/m, alors que la plupart des encres à base de solvant ont une tension superficielle comprise entre 20 et 35 mN/m. La tension superficielle de l'encre à base d'eau sera donc supérieure à celle de la plupart des substrats sur lesquels elle sera imprimée [22].

Pour résoudre ce problème, on ajoute généralement un tensioactif ou on modifie la surface du substrat par un nettoyage ou un autre procédé, tel que le traitement corona. Les tensioactifs sont des molécules dites "tensioactives" qui contiennent à la fois une partie hydrophile et une partie hydrophobe de la molécule. L'ajout d'un tensioactif à une encre à base d'eau aura pour résultat de réduire considérablement la tension superficielle de l'encre en raison des effets d'orientation aux interfaces, causés par l'orientation des parties hydrophiles et hydrophobes de la molécule de tensioactif. L'ajout de l'agent tensioactif a pour effet d'abaisser la tension superficielle, mais il accélère également la formation de mousse dans l'encre. Pour éviter cela, il est nécessaire d'ajouter un agent anti-mousse tel que des solides hydrophobes ou des acides gras. La stabilité colloïdale de l'encre est nécessaire pour obtenir une impression de qualité, ainsi que pour garantir une longue durée de conservation de l'encre. Sans stabilisation du système colloïdal de l'encre, le pigment se déposerait en peu de temps, rendant l'encre inutile.

Pour stabiliser les encres à base d'eau, il existe deux méthodes : l'ajout de tensioactifs et l'ajout de polymères, et dans certains cas, le système colloïdal est stabilisé par les deux. L'ajout d'un agent de surface et/ou d'un polymère à l'encre à base d'eau entraîne l'adsorption de l'agent de surface et/ou du polymère à l'interface solide (pigment)/liquide. Le tensioactif et/ou le polymère adsorbé formeront un revêtement sur le pigment de différentes compositions et épaisseurs, ce qui entraînera une répulsion nette des particules de pigment dans l'encre, provoquant sa stabilisation. L'inconvénient de l'utilisation d'un tensioactif et/ou d'un polymère pour stabiliser le système colloïdal sera les effets négatifs observés sur l'applicabilité de l'encre, en particulier pour l'électronique imprimée et l'impression graphique, en affectant la force de la couleur [22].

La taille et la forme des particules de colorant sont importantes pour la force de la couleur, la solidité de la couleur, la stabilité colloïdale, la viscosité et de nombreuses autres propriétés des encres. Lorsque des pigments sont utilisés pour colorer l'encre, il est nécessaire de choisir la taille et la forme des particules pour répondre aux exigences cruciales de l'encre. Plus les particules sont petites, plus il sera facile pour la dispersion de se stabiliser, et aussi plus les particules sont petites, plus la couleur est brillante, saturée ou prononcée ; c'est pourquoi la taille des particules du pigment est importante pour la stabilité colloïdale. Une modification du pH ou de la température de l'encre entraînera une modification de la tension superficielle de l'encre, de la viscosité de l'encre, ainsi que de la stabilité colloïdale de l'encre, qui sont toutes indésirables. La température et le pH des encres à base d'eau doivent être surveillés tout au long du processus d'impression, car même un petit changement dans un sens ou dans l'autre peut entraîner une mauvaise impression en raison de la modification des propriétés de l'encre [22]. Le point d'ébullition ou la chaleur d'évaporation de l'encre est un facteur important qui détermine le temps et la température nécessaires au séchage ou au durcissement de l'encre. L'une des difficultés des encres à base d'eau est due au fait que l'eau a une chaleur de vaporisation élevée.

L'eau a une chaleur d'évaporation plus élevée que les autres solvants utilisés dans l'industrie de l'encre. Le temps et la température nécessaires au séchage ou au durcissement de l'encre à base d'eau sont beaucoup plus longs que ceux des encres à base de solvant. L'utilisation d'additifs permet de modifier de nombreuses propriétés de l'encre. Généralement, les encres à base d'eau ne sont pas résistantes à l'eau ou ne sont pas capables de sécher ou de durcir rapidement, ce qui peut être modifié en ajoutant des cires pour augmenter les propriétés de résistance à l'eau de l'encre. Un réglage fin de l'ajout d'ammoniac et d'amines dans les encres à base d'eau permet d'améliorer la résolubilité de l'encre ou sa résistance à l'eau.

Avantages et inconvénients des encres à base d'eau

En raison des nombreux problèmes associés aux encres à base d'eau, elles n'ont pas été largement utilisées ou acceptées avant les années 1980. Elles n'étaient utilisées que sur des surfaces poreuses telles que le papier ou le carton qui ne nécessitaient qu'une qualité et des détails minimaux dans les impressions. L'utilisation d'encres à base d'eau par les imprimeries a nécessité l'achat de nouveaux équipements et l'adoption de nouvelles pratiques d'impression. Les encres à base d'eau nécessitent une capacité de séchage accrue, elles ne peuvent être utilisées que sur certains matériaux et non sur les métaux ou les plastiques [23]. Les encres à base d'eau présentent de nombreux problèmes : elles sèchent sur les équipements d'impression tels que les rouleaux ou les écrans, elles ont une mauvaise qualité d'impression, une mauvaise résistance au blocage, une mauvaise résistance à l'eau, une mauvaise résistance à l'abrasion et de nombreux autres inconvénients.

Les propriétés physiques des encres à base d'eau se sont grandement améliorées grâce à la découverte de meilleurs polymères et copolymères acryliques en émulsion, d'additifs tels que des résines à haut poids moléculaire, des cires, des agents de surface et d'autres matériaux. Bien que dans le passé, l'utilisation des encres à base d'eau présentait de nombreux inconvénients par rapport aux encres à base de solvants, elles offrent aujourd'hui de meilleures performances, des coûts d'impression plus faibles et constituent une alternative moins dommageable pour les personnes et l'environnement [22].

1.3.3. Applications

Les encres à base d'eau peuvent désormais être facilement appliquées sur la plupart des matériaux, même les plastiques et les films, grâce à des techniques de préparation de surface telles que le traitement corona. Les encres à base d'eau excellent dans les applications d'impression sur papier, carton et textiles, et sont même utilisées pour imprimer sur des feuilles, des plastiques et des emballages alimentaires. Grâce au développement de nouveaux additifs et procédés d'impression, les encres à base d'eau peuvent désormais être utilisées dans la majorité des procédés d'impression, mais pas pour la lithographie offset, sur la plupart des matériaux et pour de nombreuses applications différentes.

1.3.4. Fabrication d'encres à base d'eau

La fabrication des encres à base d'eau est un simple processus de mélange où les pigments, les additifs et les véhicules sont produits séparément. Les pigments ont des particules trop grosses pour être utilisées directement dans la fabrication des encres. Les pigments doivent être broyés ou moulus pour obtenir des particules d'une taille comprise entre 5 pm et 100 nm, en fonction de l'intensité de la couleur, de l'épaisseur du revêtement et des propriétés de dispersion requises. Le broyage est facilité par des résines de broyage, dans le cas des encres à base d'eau, il s'agit de résines de solution dont le poids moléculaire ne dépasse pas 15 000. Des agents mouillants ou des surfactants sont également ajoutés comme additifs de broyage/mouillage. Avec le mélangeur à grande vitesse, les pigments sont mélangés aux résines de démoulage dans un ou plusieurs solvants qui, dans le cas des encres à base d'eau, seront principalement de l'eau ou entièrement de l'eau. La résine de démoulage dans le cas d'une encre à base d'eau est une résine d'émulsion d'un poids moléculaire d'environ 200 000, selon l'application finale de l'encre. La résine d'émulsion confère à l'encre des propriétés filmogènes. Pour stabiliser la dispersion colloïdale, le surfactant et/ou le polymère sont ajoutés et permettent une distribution uniforme du pigment. Pour compléter le processus de fabrication des encres prêtes à l'emploi, les additifs sont ensuite ajoutés au mélangeur pour obtenir les propriétés souhaitées [22].

1.3.5. Formulations de l'encre à base d'eau

Les colorants, les véhicules, les solvants et les additifs sont utilisés dans la formulation des encres à base d'eau. Pour obtenir les propriétés souhaitées de l'encre, différents pigments, additifs et véhicules sont utilisés en différentes combinaisons et quantités. Les encres d'imprimerie à base d'eau ont généralement une composition de 60% d'eau/autres solvants, 20% de résine, 15% de colorant et 5% d'additifs. Le véhicule désigne tous les composants de l'encre, à l'exception du colorant. Traditionnellement, la chimie acrylique est utilisée pour le broyage (dispersion) des pigments et l'ajout de polymères en émulsion pour finir la formulation de l'encre à base d'eau. Dans le cas des encres flexo à base d'eau, on utilise généralement des polymères acryliques dérivés du pétrole. De plus, les polymères acryliques sont utilisés dans une variété d'applications, telles que les industries de l'automobile, des dispositifs médicaux, des peintures et des adhésifs. Souvent, l'industrie des encres doit faire concurrence à d'autres industries pour obtenir des polymères acryliques, ce qui rend le processus coûteux et long. Ils ne sont pas biodégradables, ce qui est inacceptable du point de vue de la durabilité. Il est donc nécessaire de rechercher des applications de polymères biodégradables pour les encres à base d'eau, et l'une des solutions possibles semble être l'utilisation de protéines de soja.

1.4 Qu'est-ce que le soja ?

Le soja est une légumineuse pauvre en graisses saturées et sans cholestérol. Il a été introduit aux États-Unis en 1765 et utilisé pour des applications alimentaires et industrielles. Le soja est composé de huit acides aminés essentiels et il est connu pour être une bonne source de fibres, de fer, de calcium, de zinc et de vitamines. Les graines de soja contiennent environ 40 % de protéines et 20 % d'huile. Il contient également trois tensioactifs naturels : les protéines de soja, la lécithine de soja et la saponine de soja. Les protéines de soja sont obtenues par l'extraction de l'huile de soja. Elles constituent le sous-produit qui reste après l'élimination des coques et de l'huile des flocons [24, 25].

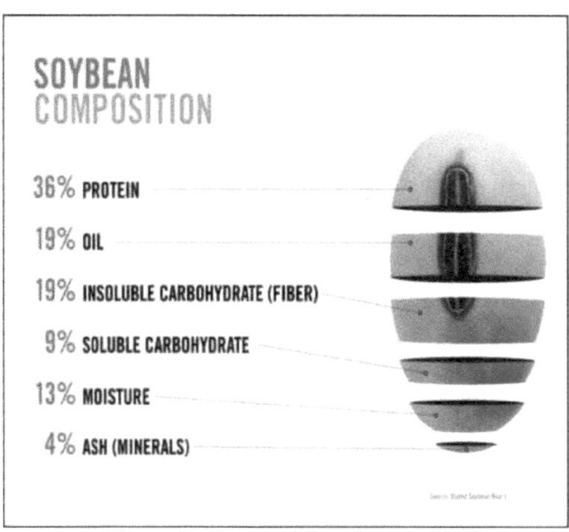

Figure 7. Composition du soja [26]

L'huile de soja est connue comme une huile végétale, non toxique, largement utilisée dans la cuisine et les produits alimentaires, comme la mayonnaise. Elle provient de sources renouvelables ; elle est disponible à un prix raisonnable et peut donc être un bon candidat pour la fabrication d'encre. La technologie est connue pour la production de véhicules d'encre d'impression à base d'huile végétale présentant des caractéristiques commerciales favorables. Les encres formulées avec ces véhicules sont utilisées pour des applications lithographiques sur papier journal [27]. Une quantité légèrement réduite de pigments, due à la couleur claire du véhicule à base d'huile de soja, est la raison pour laquelle les encres à base d'huile de soja peuvent être une alternative à prix compétitif aux encres à base de pétrole [28]. L'huile de soja est mélangée à des résines, des pigments et des cires pour formuler une encre lithographique à base d'huile de soja à prise froide. Dans le monde entier, environ dix mille imprimeurs de journaux utilisent de l'encre à base d'huile de soja. La demande pour ce type d'encre est en augmentation aux États-Unis, en Asie, en Europe et en Australie [29, 30]. Comme mentionné ci-dessus, la consommation accrue d'encre de soja réduit les pollutions environnementales, en raison de la faible quantité de composés organiques volatils (COV) présents dans les encres de soja. Comme nous le savons, chaque processus d'impression spécifique nécessite un type d'encre différent, les chercheurs cherchent donc à fabriquer la meilleure qualité d'encre de soja pour chaque type de processus d'impression. Comme l'huile de soja se mélange facilement aux pigments, l'encre de soja donne des couleurs plus profondes et plus vives, et donc une meilleure qualité d'impression lithographique. L'élimination des encres à base de soja est plus facile que celle des encres à base de pétrole dans les processus de désencrage. Les fibres du papier, qui est recyclé et réutilisé, sont ainsi moins endommagées [31].

L'encre de soja est plus stable pendant l'impression, ce qui entraîne une réduction des déchets par rapport aux encres classiques à base de pétrole. L'utilisation des encres de soja présente également plusieurs inconvénients, tels que des temps de séchage plus longs que ceux des encres lithographiques classiques à base de pétrole (en particulier pour les papiers couchés). Cette différence peut entraîner certains problèmes d'impression latérale, comme le maculage et le dégorgement, ce qui les rend inadaptées aux emballages alimentaires et aux encres pour stylos à bille [31].

Les protéines de soja existent sous trois formes principales : les farines de soja, les concentrés de protéines de soja et les isolats de protéines de soja. La farine de soja est obtenue en broyant la graine de soja et contient environ 50 à 59 % de protéines. Le concentré de protéines de soja est obtenu en retirant la partie liquide aqueuse de la graine de soja et contient environ 65 à 72 % de protéines. L'isolat de protéines de soja est fabriqué à partir de la farine de soja dégraissée en éliminant les glucides hydrosolubles de la fève. Il s'agit de la forme la plus raffinée des protéines de soja et contient 90 % de protéines [24, 25]. Les protéines de soja sont populaires depuis 1936 en raison de leurs grandes propriétés fonctionnelles. Elles sont utilisées dans une variété d'aliments, tels que les sauces pour salades, les desserts glacés, les pains et les céréales pour le petit déjeuner ; elles peuvent également être utilisées comme émulsifiant polymère naturel, agent moussant et agent d'amélioration de la texture. Les autres produits industriels qui utilisent les protéines de soja comprennent les adhésifs, les asphaltes, les résines, les produits de nettoyage, les cosmétiques, les encres, les peintures, les plastiques, les polyesters et les fibres textiles [31]. L'application de base des protéines de qualité industrielle est un liant pour le couchage du papier. Les protéines sont construites par une réaction de condensation de monomères d'acides aminés et créent des

liaisons peptidiques. Les molécules d'eau sont libérées à la suite de la réaction de condensation entre les

acides aminés (figure 8) [32].

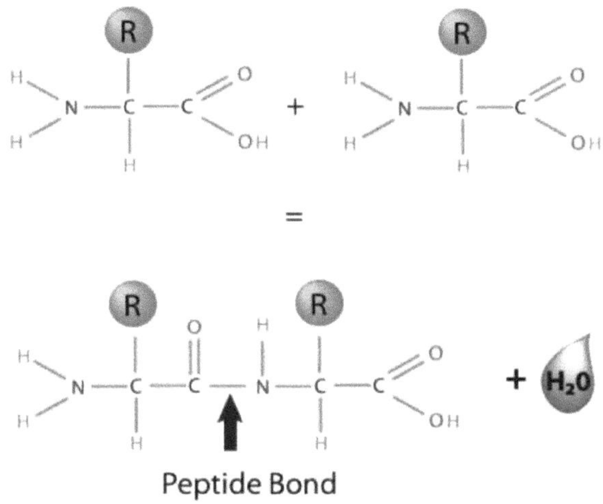

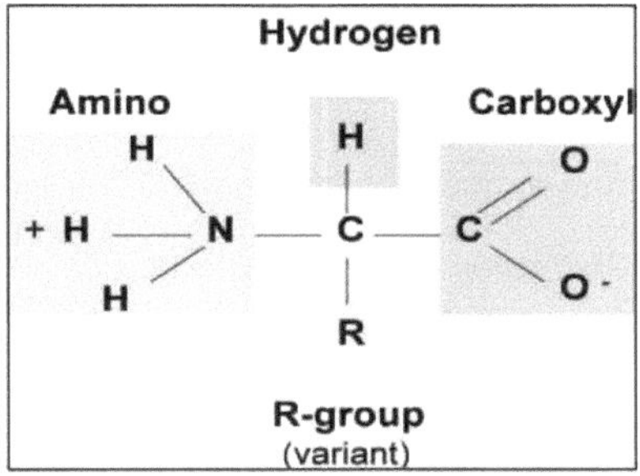

Figure 8. Formation de la liaison peptidique [33]

La protéine de soja a une forme complexe en 3D et contient 19 acides aminés différents, qui sont
maintenus ensemble dans une structure enroulée par des liaisons peptidiques. La figure 9 et la figure 10
montrent la structure des acides aminés et des protéines.

Figure 9. Acide aminé [34]

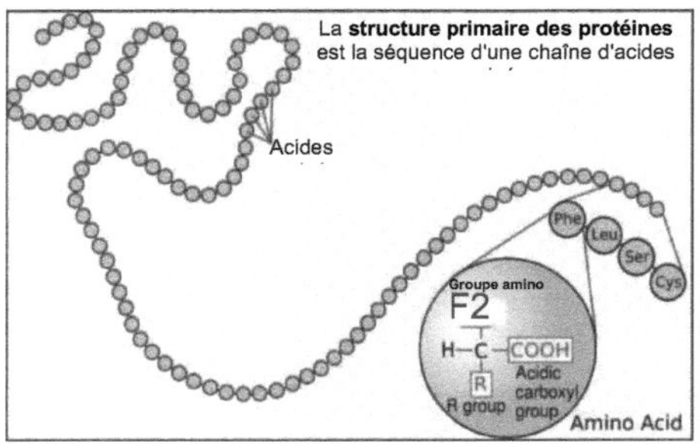

Figure 10. Structure d'une protéine [34]

Les protéines contiennent des groupes fonctionnels positifs et négatifs, qui leur permettent d'atteindre un point isoélectrique. Les groupes amino, carboxyle, hydroxyle, phényle et sulfhydryle sont les principaux éléments constitutifs des protéines de soja [32].

La protéine de soja est principalement utilisée dans les revêtements de papier. Cependant, son utilisation dans l'industrie de l'impression n'en est qu'à ses débuts. Il n'existe pas encore de production commerciale d'encres aqueuses à base de protéines de soja pour l'impression flexographique, et c'est donc le sujet de ce travail [35, 36]. Le produit à base de soja utilisé dans cette recherche est un polymère traité chimiquement et thermomécaniquement conçu pour être un liant fonctionnel, cohérent et économique pour les encres à base d'eau. Il est respectueux de l'environnement, non dangereux et renouvelable. Il peut être incorporé dans n'importe quelle encre sous forme de solution ou dispersé sous forme de poudre dans le pigment avant la dispersion. Les avantages sont les suivants : résistance supérieure à la chaleur, résistance à l'éraflure de l'encre dans le carton ondulé préimprimé, amélioration de l'angle de glissement, excellente solubilité de l'encre, allongement du tirage, amélioration de la qualité d'impression, nettoyage plus facile de la presse, contrôle de la densité de la charge amphotère, interaction adéquate avec les pigments de couleur, bonnes propriétés de transfert de l'encre et bonne résistance des couleurs.

CHAPITRE II

ÉNONCÉ DU PROBLÈME

Les polymères acryliques en solution et en émulsion et leurs divers copolymères sont largement utilisés dans les formulations d'encres à base d'eau. Les encres flexo à base d'eau sont formulées avec divers polymères et copolymères acryliques servant de résines en solution et en émulsion pour broyer et disperser les pigments et créer des films d'encre, et conférer les propriétés nécessaires telles que la rhéologie, l'adhérence ou la résistance au frottement. L'industrie de l'imprimerie ressent parfois des pénuries de ces polymères acryliques, ce qui entraîne une hausse des prix. L'objectif de ce projet est de déterminer si une protéine de soja particulière (ProSoy 7475) peut être utilisée pour remplacer partiellement les résines acryliques (AC0073) dans les encres flexo à base d'eau, principalement dans la partie de l'encre qui s'écoule, remplaçant ainsi principalement les résines d'émulsion, responsables de la formation du film, pour créer des encres plus respectueuses de l'environnement, dans le but non seulement de réduire la pollution environnementale, mais aussi de créer une encre avec une meilleure durabilité et imprimabilité.

CHAPITRE III

EXPERIMENTAL

Dans la PHASE 1, une encre acrylique commerciale à base d'eau a été formulée. Cette encre acrylique, qui est utilisée dans le processus de flexographie, a été formulée en utilisant le PB 15-44 (dispersion de pigment cyan) et ses paramètres d'impression tels que la densité optique, les valeurs de couleur CIE L*a*b*, la résistance au frottement, le test de goutte d'eau, le test de mousse, la stabilité du pH et la viscosité ont été étudiés.

Dans la PHASE 2, la formulation du véhicule de soja a été réalisée. L'objectif était de préparer la formulation du véhicule SOY en utilisant la poudre de protéine ProSoy 7475 et de comparer son pH et sa viscosité avec le véhicule commercial d'encre acrylique (AC0073) fourni par American Inks & Technology, ltd.

Dans la PHASE 3, le véhicule de soja (ProSoy7475) a été mélangé à une formulation d'encre acrylique commerciale par incréments de 0-20-40-60-80 % en poids jusqu'à 100 % de véhicule de soja. Le véhicule acrylique AC0073 a été utilisé et les résultats des PHASE 1 et PHASE 3 ont été comparés.

3.1. Matériaux

La protéine de soja (ProSoy 7475) a été fournie par la société ARRO. Une dispersion de pigment cyan a été obtenue auprès de la société American Inks & Technology Ltd. Company, sous le nom commercial "PB 15-44" Les autres matériaux utilisés dans cette recherche ont également été fournis par la même société. Le tableau 1 donne les propriétés physiques et chimiques du ProSoy 7475. Le tableau 2 donne les propriétés physiques et chimiques des dispersions de pigments.

Tableau 1. Propriétés physiques et chimiques de la poudre de ProSoy 7475

Dry Appearance:	Off White to Tan Granular Powder
Solution Color:	Opaque Light Brown
Bulk Density	672 Kg/m^3
Moisture	15% Max.
Solution Solids	20%
Particle size	<5% (325 Mesh)

Tableau 2. Propriétés physiques et chimiques de la dispersion de pigments (PB15-44)

Appearance	Blue Liquid
pH	8-10
Solubility in Water	Miscible
Specific Gravity (g/cm^3)	1.11
Viscosity (cP) - Centipoise)	15-25

D'autres matériaux comme l'IPA, l'antimousse (FC-613), le vernis acrylique (AC0073), la cire,

l'ammoniac (NH4OH) sont utilisés.

3.2. Instrumentation

Après avoir formulé les encres, on a analysé diverses propriétés d'imprimabilité telles que la

densité optique, le pH et la viscosité, la résistance au frottement et les valeurs CIE L*a*b*. La densité

optique et les valeurs CIE L*a*b* de l'impression ont été mesurées avec un Spectrodensitomètre eXact et

un Spectrodensitomètre X-Rite 530 (Figure 11). Les valeurs CIE L*a*b* définissent un espace couleur

tridimensionnel dans lequel les valeurs de L*, a* et b* sont conçues à angle droit les unes par rapport aux

autres pour former un système de coordonnées tridimensionnel . Des distances égales dans l'espace

indiquent grosso modo des différences de couleur égales.

différences de couleur. La valeur L* représente la luminosité, la valeur a* représente l'axe rouge/vert et la valeur b* représente l'axe jaune/bleu [37].

Figure 11. Spectro-densitomètre X-Rite (eXact)

L'étuve manuelle Flexo Anilox comprend le boîtier, un rouleau de transfert en caoutchouc et un rouleau anilox gravé mécaniquement et réglable par ressort (avec une largeur de chemin de 4-3/4"), illustré à la figure 12. L'étuve manuelle vous offre plus d'options - pour tester le polyéthylène, la cellophane, la glassine, les feuilles métalliques, les films plastiques, le papier et le carton. En outre, ce que vous voyez sur l'épreuve est ce que vous imprimerez sur la presse. Comme les rouleaux d'épreuve sont disponibles dans une gamme complète de trames pour reproduire les exigences de votre presse, vous pouvez apporter toute modification à l'encre ou à la trame avant d'arriver à la salle des presses !

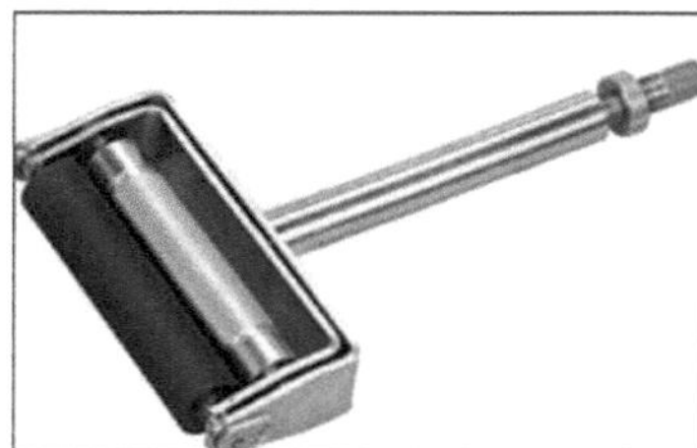

Figure 12. Imprimante manuelle Flexo anilox avec résolution anilox de 200 lpi

3.3. Procédures expérimentales

3.3.1. Phase 1 : Formulation de l'encre acrylique

La formulation de l'encre acrylique à base d'eau se déroule selon les directives indiquées dans le tableau 3. Une encre acrylique commerciale à base d'eau pour encre flexo a été formulée selon le poids de la formule utilisée dans la formulation de l'encre commerciale en utilisant le véhicule acrylique AC0073

(Tableau 3). pH et viscosité notés comme pH - 9,1 et la viscosité a été mesurée comme temps d'efflux -

sur la coupe Zahn 2 avec une température contrôlée à 76° Celsius, le temps d'efflux était de 25 secondes.

Tableau 3. Formulation de l'encre commerciale flexo à base d'eau

Acrylic Ink Formulation using AC 0073 Vehicle		
Material	Weight in gm	Purpose
Pigment Dispersion PB-15-44	43.50	Provides Color
H₂O (DI water)	07.00	Carries Pigment to the Substrate
Acrylic Varnish (AC 0073)	48.10	Holds pigment on substrate
WAX (AIT-PE-35)	01.00	Provides elasticity
Defoamer (FC-613)	00.40	Controls foaming issues
Total weight	100.00	

3.3.2. Phase 2 : Formulation du véhicule de soja

Dans la deuxième phase du projet, une expérience de formulation de véhicule de soja a été réalisée en utilisant la poudre de protéine de soja (ProSoy 7475) et la formulation finale a été caractérisée. Le véhicule commercial (AC0073) a été utilisé comme cible dans la phase 3 comme un vernis acrylique commercial. Préparation d'une solution aqueuse de ProSoy 7475 : Il y a quatre variables clés qui affectent le taux ou le degré de solubilité du ProSoy. Une augmentation du taux ou du degré de solubilisation est observée avec des niveaux croissants des variables suivantes : température, pH, taux de cisaillement et temps. Le niveau de solides peut être ajusté à volonté. Une limite de solides sera atteinte en raison de l'augmentation de la viscosité de la solution avec des solides plus élevés. Un niveau de solides de ~20% pour le ProSoy 7475 est un bon point de départ. Un taux de solides plus élevé ou plus faible peut être évalué à volonté.

Tableau 4. Formulation du véhicule de soja

Material	Parts
Water	80
ProSoy	15
Amine (For pH Adjustment)	0.4 to 1.0
Isopropyl Alcohol	4
Biocides	As Needed
Antifoam	As Needed

L'eau a été chauffée à la température de cuisson souhaitée, qui est typiquement de 60° à 76° Celsius. Ensuite, de l'eau ammoniacale à 27% a été ajoutée à la formulation sous agitation (la solution finale doit avoir un pH compris entre 9,0 et 10,5). Le ProSoy a été ajouté sous une bonne agitation de sorte que la poudre soit immédiatement tirée sous la surface et mouillée. L'agitation avec un mélangeur vortex a été maintenue pendant 40 minutes à la température de cuisson souhaitée (60° C). Les autres ingrédients de la formulation ont été ajoutés sous agitation à la solution de protéines.

Tableau 5. Essais de formulation du véhicule de soja (poids de la formule en gm)

Vehicle Formulation using ProSoy 7475 @ 76⁰ Celsius				
Material (gm)	Standard	Trial 1	Trial 2	Trial 3
ProSoy 7475	15	25	15.4	15.6
Water (DI Water)	80	67.4	80	78.45
Ammonia (27%)	0.6	0.6	0.4	1.6
IPA	4	6.6	4	4.1
Defoamer (FC-613)	0.4	0.4	0.2	0.25
Total Weight (gm)	100	100	100	100

Pour minimiser les variations, le pH et la viscosité ont été maintenus au même niveau que pour le mélange du véhicule acrylique AC0073. Le vernis de soja a été formulé en utilisant la poudre de protéine ProSoy 7475 selon la fiche technique (MSDS & SDS) fournie par ARRO et selon le tableau 5. Après quatre essais, la formulation finale du véhicule à base d'eau utilisant la protéine ProSoy 7475 a été développée et est présentée dans le tableau 5. Ces formulations ont été observées pendant une durée d'environ vingt jours pour la stabilisation du pH et de la viscosité.

3.3.3. Phase 3 : Augmentation de l'ajout du véhicule de soja (ProSoy 7475) dans le véhicule acrylique (AC0073) en utilisant une formulation d'encre acrylique à base d'eau commerciale.

Une partie de la formulation de l'encre a été remplacée par des polymères de soja (ProSoy 7475), par incréments de 20-40-60 jusqu'à 100 % (tableau 6) en remplacement de la résine acrylique en émulsion (AC0073). L'encre cyan formulée a été testée pour son imprimabilité, sa rhéologie et ses propriétés d'utilisation finale telles que la résistance au frottement et l'adhérence.

Tableau 6. Formulation d'encre acrylique à base d'eau (poids de la formule en grammes)

Acrylic Ink Formulation with ProSoy 7475 vehicle increments inks							
Material	Standard	Ink 1	Ink 2	Ink 3	Ink 4	Ink 5	Ink 6
PB-15-44	43.5	43.5	43.5	43.5	43.5	43.5	43.5
H_2O (DI water)	7	7	7	7	7	7	7
Varnish (AC 0073):(ProSoy 7475)	48.1	100 : 0	20:80	40:60	60:40	80:20	0:100
WAX (AIT-PE-35)	1	1	1	1	1	1	1
Defoamer (FC-613)	0.4	0.4	0.4	0.4	0.4	0.4	0.4
Total weight	100	100	100	100	100	100	100

CHAPITRE IV

RÉSULTATS ET DISCUSSION

4.1. pH et viscosité

Les encres à base d'eau peuvent changer de viscosité au fil du temps, ce qui peut être causé par un changement de pH. Ainsi, le tassement signifie une augmentation de la viscosité et une diminution du pH au fil du temps, selon les types de résines et de pigments utilisés. Ici, la durée a été prise du premier au soixantième jour pour vérifier le pH et la viscosité de l'encre acrylique et de l'encre de soja. Comme le montre la figure 13, la valeur du pH de l'encre acrylique varie de 8,9 à 9,1 et la viscosité varie de 25 à 26 s, mesurée en tant que temps d'efflux sur une tasse Zahn #2. Alors que dans les incréments de véhicule de soja, la valeur du pH est différente pour différents incréments de pourcentage de véhicule de soja. Voici quelques exemples : pour un ajout de 20 % de soja, le pH est passé de 9,1 à 9,2, pour un ajout de 40 % de véhicule de soja, le pH a varié de 8,9 à 9,1, pour un ajout de 60 % de véhicule de soja, le pH est passé de 8,8 à 9,0, pour un ajout de 80 % de soja, le pH était compris entre 8,7 et 9,0 et pour un ajout de 100 % de véhicule de soja, le pH mesuré variait de 8,9 à 9,1. Si l'on compare la différence de pH entre le véhicule de l'encre acrylique et celui du soja, le pH de l'encre est presque négligeable et se situe dans la plage prévue.

La viscosité de l'encre acrylique varie de 25mPa à 27mPa, tandis que la viscosité de l'encre de soja dépend du pourcentage de soja et varie de 26mPa à 28mPa. On a remarqué que la viscosité de l'encre acrylique est presque constante dans le temps, alors que la viscosité de l'encre de soja n'augmente que très peu avec l'ajout de soja et le temps.

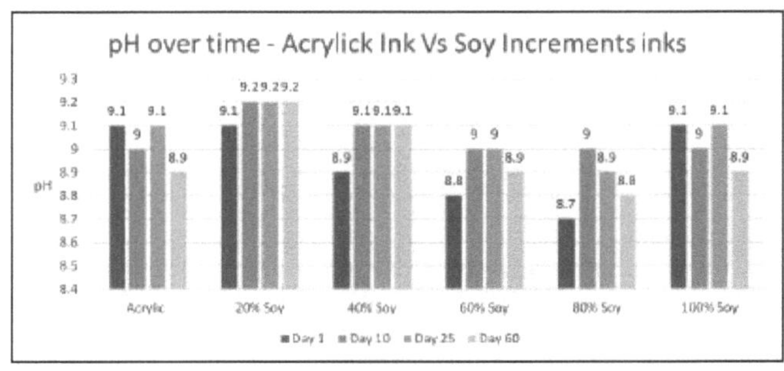

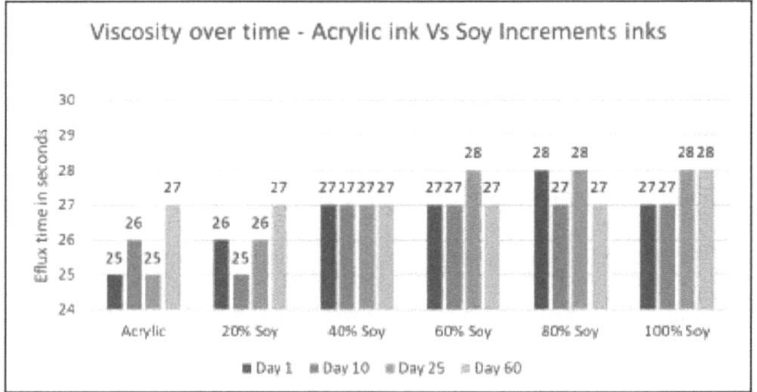

Figure 13. pH et viscosité (encre acrylique vs incréments de ProSoy7475)

4.2. Densité optique

La densité optique est un nombre calculé représentant la capacité d'un matériau transmissif à bloquer la lumière, ou la capacité d'une surface réfléchissante à absorber la lumière. Plus la lumière est bloquée ou absorbée, plus la densité est élevée. Ici, la densité optique a été mesurée avec un spectrodensitomètre X-Rite 530. L'instrument a été calibré avant de prendre la mesure de la densité. La densité optique de l'encre acrylique à 100% de tonalité était comprise entre 1,26 et 1,29, tandis que la densité optique des incréments de véhicule de soja était comprise entre 1,24 et 1,27 au même pas de tonalité. Cette différence était très minime ou on peut dire qu'il n'y avait pas de différence significative entre l'encre à base de résine acrylique et l'encre à base de véhicule de soja à l'étape de tonalité de 100 %

(Figure 14).

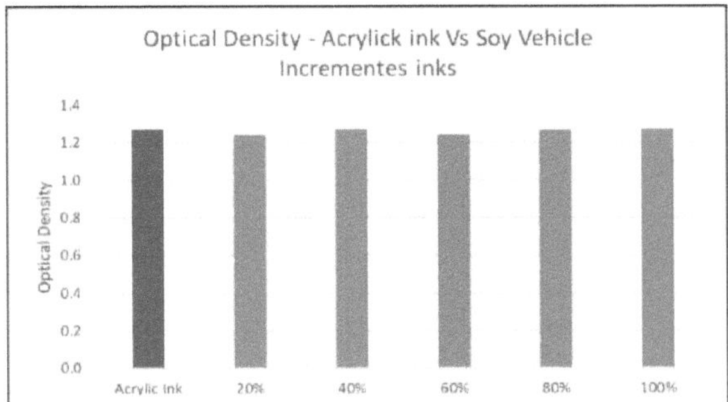

Figure 14. Densité optique (encre acrylique par rapport à des incréments de ProSoy 7475) à un niveau de tonalité de 100 % (le pourcentage représente la quantité de polymère de soja dans la partie de l'encre qui se détache).

4.3. Mesure de la couleur CIE L*a*b*.

Un espace couleur CIE L*a*b* est un espace couleur-opposition avec des dimensions L* pour la luminosité et a* et b* pour les dimensions couleur-opposition de rouge-vert et jaune-bleu, basé sur des coordonnées non linéairement compressées (par exemple CIE XYZ). La terminologie provient des trois dimensions de l'espace couleur Hunter 1948, qui sont L*, a* et b*. Il existe quelques méthodes populaires de comparaison mathématique des couleurs, notamment la CIE76. Le CMC l:c est une autre méthode de ce type qui a été conçue en 1984 par le Colour Measurement Committee de la Society of Dyers and Colourists sur la base du modèle de couleur Lch. Cette méthode intègre des seuils qui permettent aux utilisateurs de pondérer la différence en fonction du rapport entre la luminosité et la chrominance applicable à la tâche à accomplir. Les rapports les plus courants sont 2:1 pour l'"acceptabilité" et 1:1 pour le seuil d'"imperceptabilité".Les valeurs AE (CMC2:1) ont été calculées en prenant les valeurs CIE L* a* b* de la couleur cyan standard sur les substrats. Lorsque les coordonnées des couleurs de l'encre acrylique CIE L*a*b* et du soja CIE L*a*b* ont été comparées sur une étape de tonalité cyan à 100%, la différence des valeurs L*a*b* était très minime ou il n'y avait presque aucune difference remarquée (Figure 15).

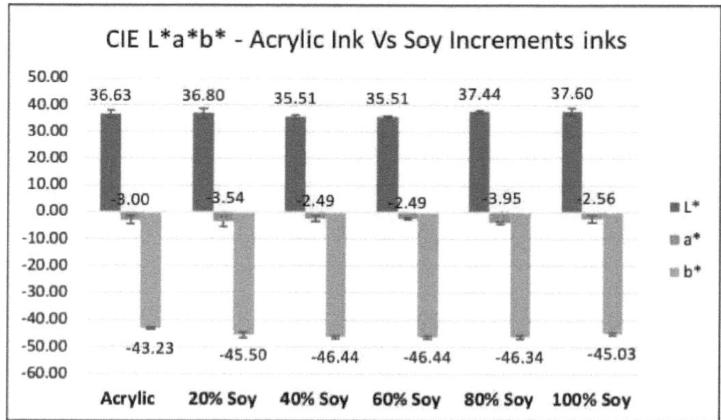

Figure 15. Mesure CIE L a* b* (Encre acrylique vs incréments de ProSoy 7475) sur un pas de ton cyan 100%.*

4.4. Différence de couleur Delta E (AE)

Le Delta E (AE) est défini comme la différence entre deux couleurs dans un espace couleur CIE L*a*b*. Comme les valeurs déterminées sont basées sur une formule mathématique, il est important de savoir quel type de formule de couleur est pris en compte lors de la comparaison des valeurs. Dans le seul Color Verifier, il y a trois formules différentes à choisir, chacune produisant des résultats différents [38].

Delta E (CMC) La méthode d'écart de couleur du Color Measurement Committee (le CMC) est un modèle utilisant deux paramètres l et c, généralement exprimé par CMC(l:c). Les valeurs couramment utilisées pour l'acceptabilité sont CMC(2:1) et pour la perceptibilité sont CMC(1:1). La formule CIE L*a*b* utilisée sur le marché de l'épreuvage calcule la distance euclidienne, c'est-à-dire purement la distance entre deux points dans un espace couleur tridimensionnel. La position réelle des points eux-mêmes n'est pas pertinente. Des valeurs AE plus élevées signifient que les couleurs sont plus éloignées des valeurs de couleur originales et vice versa. La différence de couleur, ou AE, entre une couleur échantillon (L2, a2, b2) et une couleur de référence (L1, al, bl) La formule pour AECMC est la suivante ("CIE L*a*b Color Scale") comme dans l'équation 1 :[38]

$$\Delta E^*_{CMC} = \sqrt{\left(\frac{L^*_2 - L^*_1}{lS_L}\right)^2 + \left(\frac{C^*_2 - C^*_1}{cS_C}\right)^2 + \left(\frac{\Delta H^*_{ab}}{S_H}\right)^2}$$

$$S_L = \begin{cases} 0.511 & L^*_1 < 16 \\ \frac{0.040975 L^*_1}{1+0.01765 L^*_1} & L^*_1 \geq 16 \end{cases} \quad S_C = \frac{0.0638 C^*_1}{1 + 0.0131 C^*_1} + 0.638 \quad S_H = S_C(FT + 1 - F)$$

$$F = \sqrt{\frac{C^{*4}_1}{C^{*4}_1 + 1900}} \quad T = \begin{cases} 0.56 + |0.2\cos(h_1 + 168°)| & 164° \leq h_1 \leq 345° \\ 0.36 + |0.4\cos(h_1 + 35°)| & \text{otherwise} \end{cases}$$

Équation : (1)

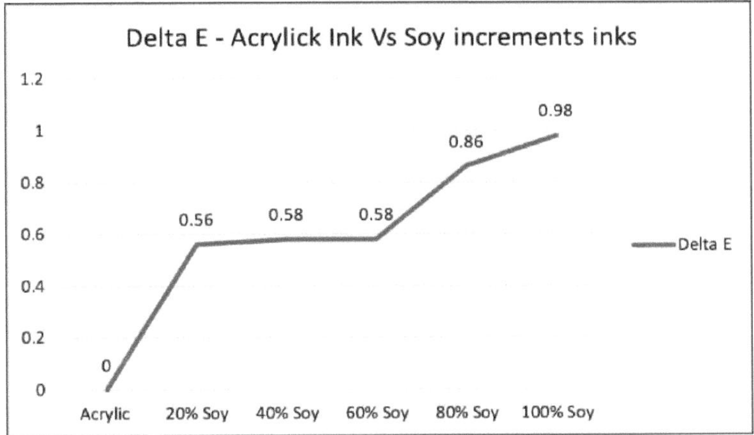

Figure 16. AE (encre acrylique par rapport aux incréments de ProSoy7475) à un niveau de ton cyan de 100%.

L'AE calculé pour l'encre acrylique et l'encre de vernis de soja se situait dans la fourchette AE =1 (Figure 16-21), ce qui est inférieur à la différence de couleur acceptable de AE 2 dans l'industrie de l'impression [38]. Il a été observé que les augmentations de vernis de soja jusqu'à 100 % entraînent un changement de couleur inférieur à AE=1, ce qui signifie que la différence ne peut pas être identifiée par l'œil humain. Le vernis de soja fait en sorte que l'encre reflète plus de bleu, ainsi le plus grand décalage vers le bleu est observé dans l'encre cyan du véhicule 100 % soja.

Comparaison des couleurs pour les valeurs CIE L* a* b* et Delta E

La figure 17-21 montre la comparaison de la couleur de l'encre acrylique à un niveau de tonalité cyan de 100 % par rapport aux incréments du véhicule de soja introduit dans l'encre. Cette comparaison a été effectuée à l'aide du logiciel ColorCert dont les paramètres sont les suivants : Espace couleur = CIE L* a* b*, Méthode = AE cmc (2:1), Illumination = D50, Observateur = 2° et Filtre = pas de filtre.

Tout d'abord, l'encre acrylique à l'étape de tonalité cyan de 100 % a été mesurée et établie comme norme, puis comparée à des incréments de 20 %, 40 %, 60 %, 80 % et 100 % de véhicule de soja (ProSoy 7475) dans l'encre acrylique, comme le montre la figure 17-21.

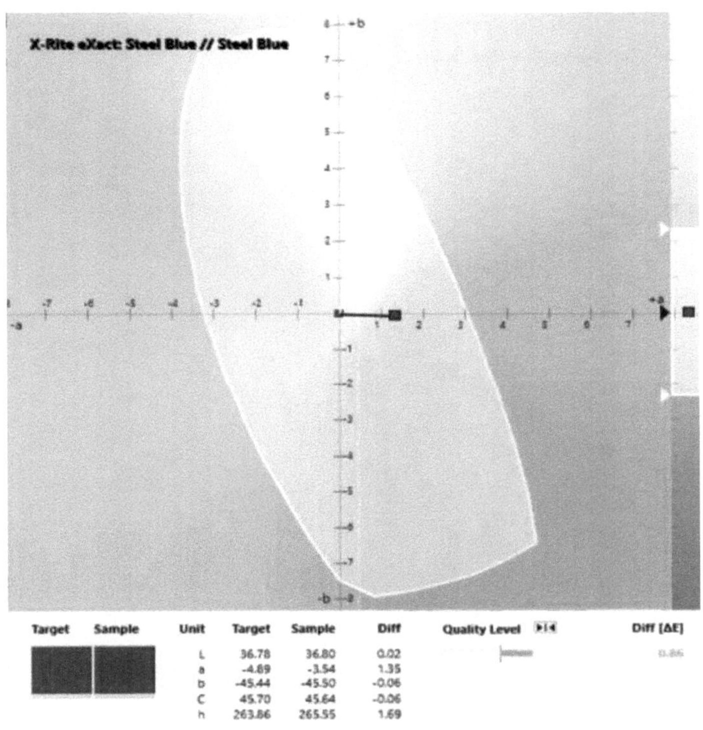

Figure 17. Comparaison de l'encre 1 (acrylique) et de l'encre 2 avec un vernis acrylique : soja (80:20) à un niveau de ton cyan de 100%.

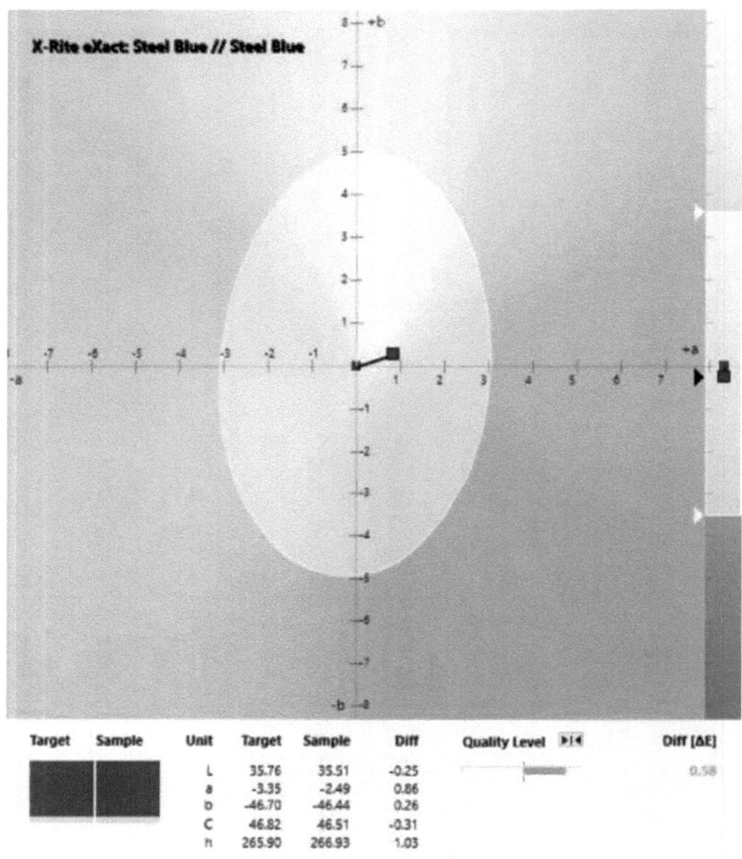

Figure 18. Comparaison de l'encre 1 (acrylique) et de l'encre 3 avec acrylique:soja (60:40) à un niveau de ton cyan de 100%.

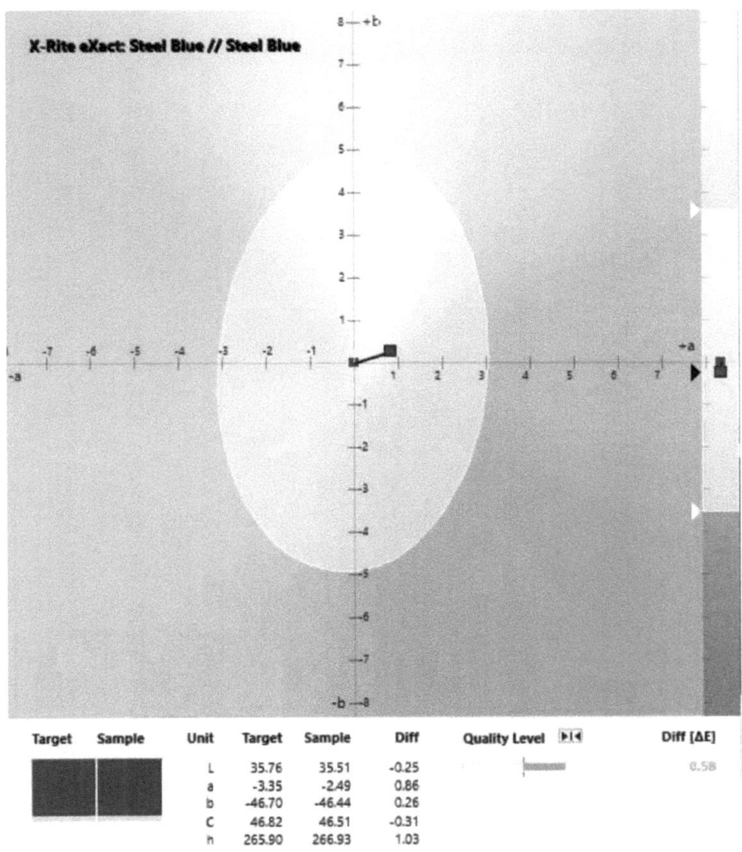

Figure 19. Comparaison de l'encre 1 (acrylique) et de l'encre 4 avec le vernis acrylique : soja (40:60) à un niveau de ton cyan de 100%.

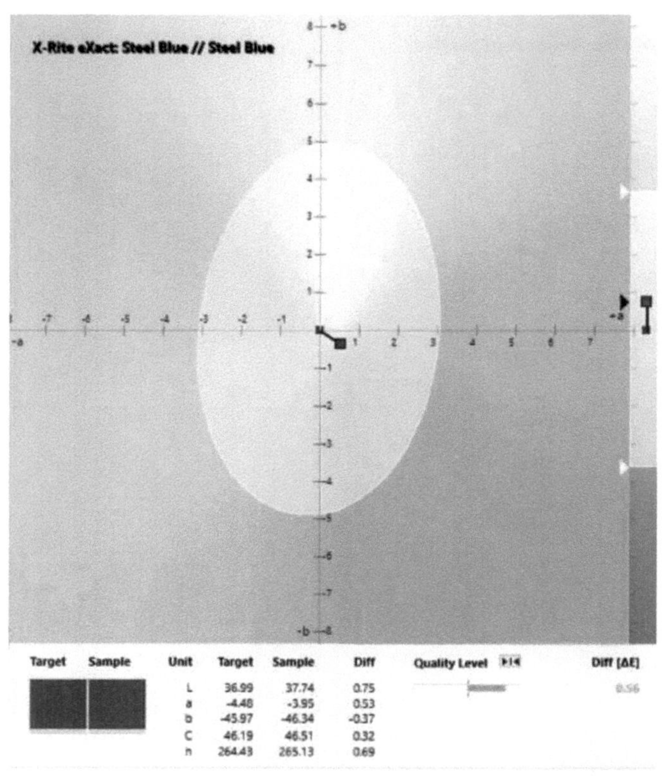

Target	Sample	Unit	Target	Sample	Diff	Quality Level	Diff [ΔE]
		L	36.99	37.74	0.75		0.56
		a	-4.48	-3.95	0.53		
		b	-45.97	-46.34	-0.37		
		C	46.19	46.51	0.32		
		h	264.43	265.13	0.69		

Figure 20. Comparaison de l'encre 1 (acrylique) et de l'encre 5 acrylique : vernis de soja (20:80) à l' étape de tonalité cyan à 100

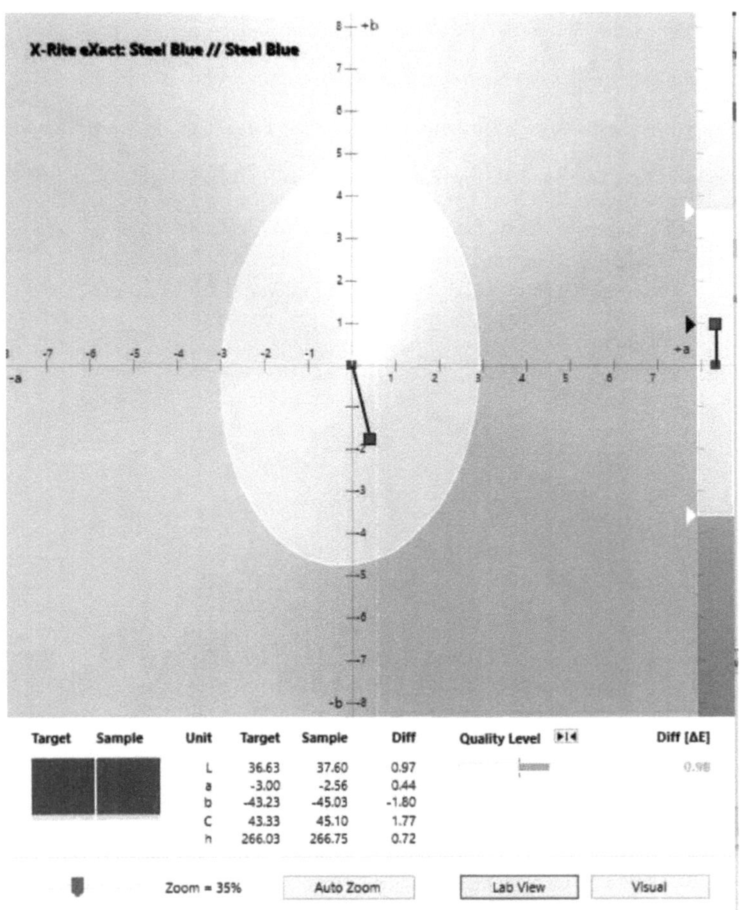

Target	Sample	Unit	Target	Sample	Diff	Quality Level	Diff [ΔE]
		L	36.63	37.60	0.97		0.98
		a	-3.00	-2.56	0.44		
		b	-43.23	-45.03	-1.80		
		C	43.33	45.10	1.77		
		h	266.03	266.75	0.72		

Figure 21. Comparaison de l'encre 1 (acrylique) et de l'encre 6 (acrylique : vernis de soja (0:100)) à un niveau de ton cyan de 100%.

La figure 22 montre la légère diminution des niveaux de solides des encres lorsque les incréments de véhicule de soja sont introduits dans le véhicule d'encre acrylique. Cela pourrait être dû à l'hygroscopicité plus élevée de la protéine de soja que du polymère acrylique, mais la teneur en solides pourrait probablement être ajustée plus précisément après des essais supplémentaires. Dans la figure 23, les interactions de la lumière avec les particules dans le film d'encre suggèrent que l'angle de la lumière

41

réfléchie change en fonction des niveaux de solides dans les échantillons d'encre, expliquant la raison du changement de couleur dans les échantillons d'encre qui a été observé dans les figures 17-21 [39]. La raison serait liée à la dépendance de la longueur d'onde de l'indice de réfraction du véhicule acrylique par rapport aux échantillons contenant les incréments du véhicule de soja. L'indice de réfraction peut également varier en fonction du véhicule et provoquer le déplacement vers la région bleue.

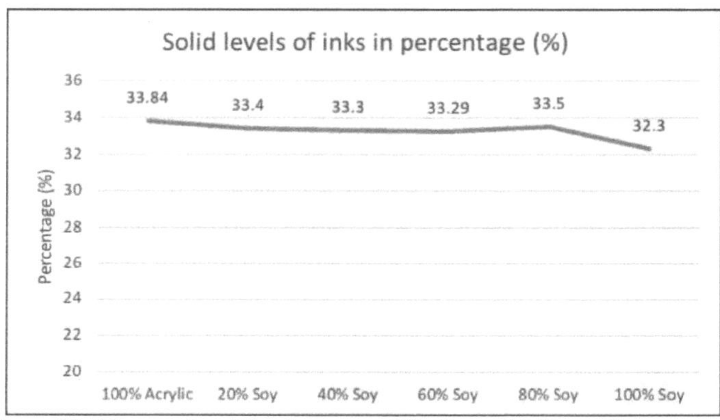

Figure 22. Niveaux de solides des encres (%) (Encre 1 à Encre 6)

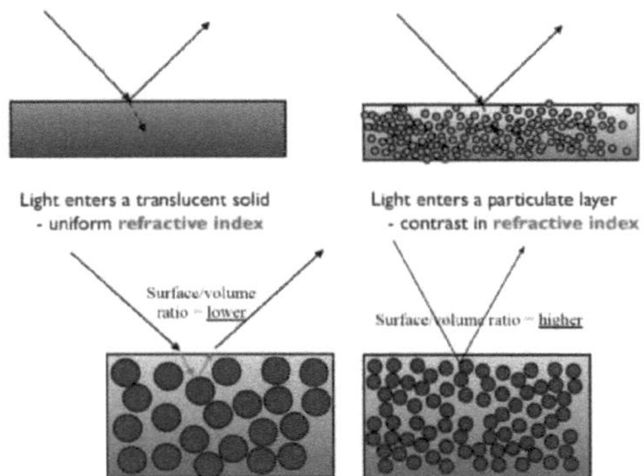

Figure 23. Interaction de la lumière avec divers matériaux particulaires [40].

4.5. Résistance au frottement

Un testeur de frottement d'encre évalue la résistance au frottement ou à l'éraflure des surfaces imprimées en simulant les dommages par abrasion typiques sur le terrain. Le testeur de frottement Sutherland est utilisé pour évaluer la résistance au frottement. Une bande imprimée de 2 x 7 pouces a été utilisée pour le test avec un bloc de poids de 4 livres et 60 cycles. La résistance au frottement a été classée de faible à excellente sur une échelle de 0 à 5, respectivement. Comme le montre la figure 24, l'encre acrylique a montré une excellente résistance au frottement dans une proportion de 5 par rapport aux incréments de 20 %, 40 % et 60 % de l'encre de soja par rapport à l'encre acrylique, tandis que l'encre de soja à 80 % et 100 % a également montré une excellente résistance au frottement comme l'encre acrylique à 100 % (figure 24). Il n'y a pas d'explication particulière à cela, mais il est possible que le soja et le véhicule acrylique ne se soient pas liés aussi fortement que les polymères acryliques seuls ou le polymère de soja seul. Il est donc possible que la compatibilité entre le polymère acrylique et le polymère de soja soit moindre. Il est également possible que certains tirages aient été moins uniformes, ce qui a conduit à ces résultats.

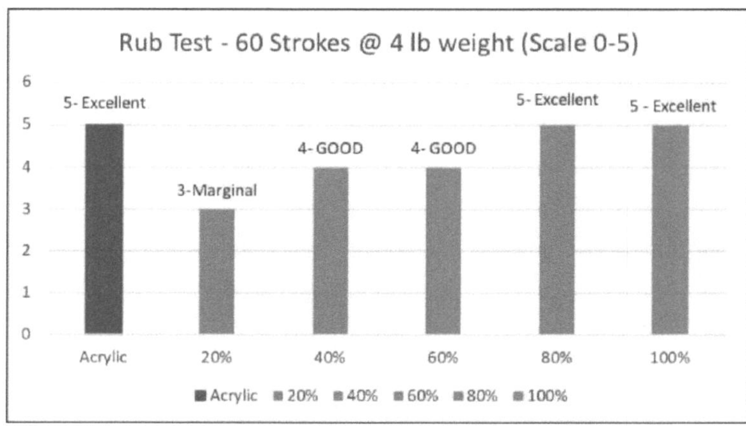

Figure 24. Résistance au frottement (encre acrylique vs incréments de ProSoy 7475)

4.6. Test de la goutte d'eau

Le test de la goutte d'eau a été effectué pour vérifier l'interaction de l'encre avec l'eau sur le substrat au fil du temps, à la fois sur l'encre acrylique à 100 % et sur l'encre de véhicule de soja à 100 %. La durée du test était comprise entre 10 et 120 secondes, avec un intervalle de 10 secondes à 60 secondes, puis 120 secondes. Les résultats ont été notés de la même manière que le test de résistance au frottement sur une échelle de 0 à 5 (Figure 25).

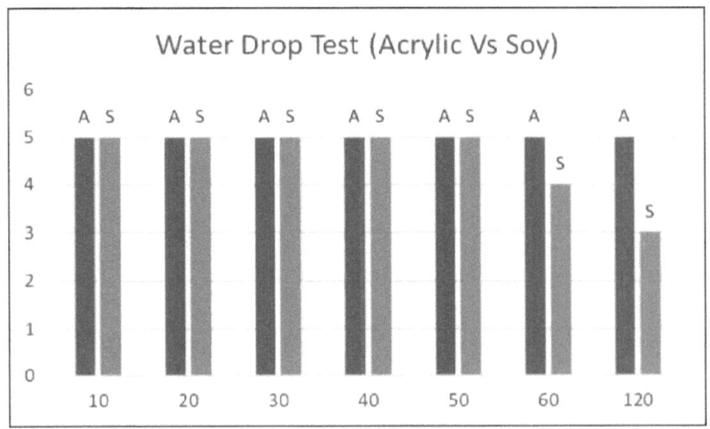

Figure 25. Test de goutte d'eau (encre acrylique vs incréments de ProSoy7475)

L'encre acrylique a montré une excellente résistance à l'eau lors du test de chute d'eau pour toutes les durées testées. L'encre contenant un véhicule 100 % soja a donné de moins bons résultats que l'encre acrylique après 60 et 120 secondes.

4.7. Test d'adhérence du ruban adhésif 3M

Le test d'adhésion du ruban selon la norme ASTM F2252-03 ne requiert qu'un ruban 3M #610 d'une largeur de 0,75-1,0" pour le test d'adhésion des encres à base d'eau. Pour effectuer le test, le ruban 3M #610 a été utilisé. Le ruban a été appliqué sur la surface imprimée et retiré en le tirant de la surface du film d'encre. Si l'encre adhère au ruban et se détache, le test d'adhérence du ruban a échoué.

L'encre acrylique a donné d'excellents résultats au test du ruban adhésif 3M. Les encres contenant 20 % et 40 % de véhicule de soja ont également montré une excellente adhésion au ruban. Les encres contenant 60 à 100 % de véhicule de soja ont eu des performances légèrement inférieures. Elles présentaient une adhérence inférieure à celle de l'encre acrylique, et leur performance est tombée au niveau 4 (Figure 26).

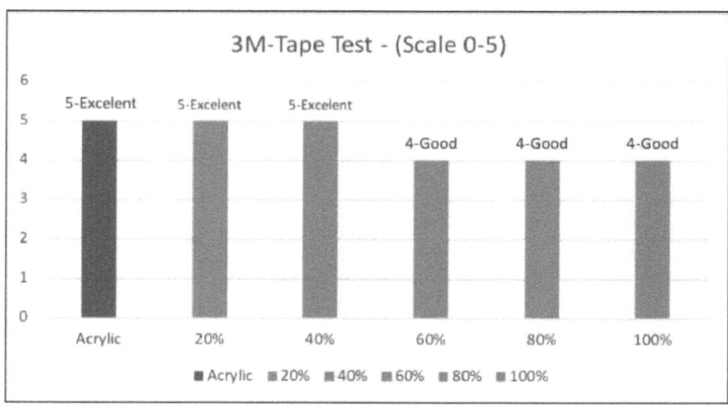

Figure 26. Test de bande (encre acrylique contre incréments de ProSoy7475)

4.7. Essai de mousse de véhicule

Les encres à base d'eau posaient autrefois un problème de moussage. Ce problème entraîne toujours un arrêt de la machine et une augmentation du gaspillage de matériaux. Le problème de la mousse d'encre n'est jamais complètement éliminé, mais il peut être réduit au minimum, tant du côté du fabricant que de celui de l'opérateur. Pour ce test, le véhicule acrylique et le véhicule de soja ont été formulés séparément où dans chaque formulation tous les ingrédients ont été réduits avec l'ajout de 50% d'eau DI. L'eau DI est ajoutée avec 0.001% de Defoamer (FC-613). Les deux échantillons ont été secoués pendant 10 secondes et observés, et le temps de sédimentation de la mousse a été calculé. Comme le montre la figure 27, le véhicule acrylique a mis près de 80 secondes pour se stabiliser, tandis que le véhicule de soja n'a mis que 20 secondes pour se stabiliser. D'après ce test, il est évident que le véhicule de soja mousse moins que le véhicule acrylique.

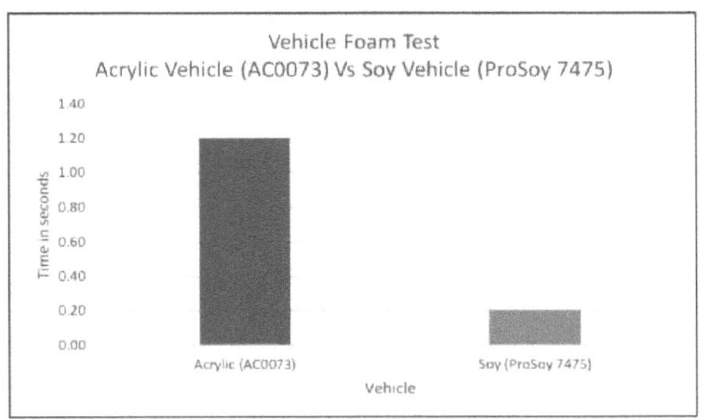

Figure 27. Essai de mousse de véhicule
(acrylique vs soja)

CHAPITRE V

CONCLUSION

Les encres à base d'eau pour la flexographie utilisent des polymères acryliques en solution et en émulsion et divers copolymères avec du styrène, du butadiène et beaucoup d'autres copolymères. Leurs performances sont fiables et très bonnes, le problème est que ces résines sont utilisées dans de nombreux autres domaines et qu'il n'est parfois pas facile d'en avoir un approvisionnement suffisant pour les industries de l'encre. Un autre problème est que les résines acryliques ne sont pas biodégradables. L'objectif de cette recherche était d'étudier si les encres fabriquées à partir de matériaux renouvelables et/ou biodégradables tels que les protéines de soja pouvaient être utilisées dans les formulations d'encres flexographiques à base d'eau pour l'impression sur le carton couverture.

Les résultats expérimentaux ont montré que les incréments du véhicule de soja dans l'encre acrylique par rapport à l'encre acrylique à 100 % ont donné des résultats similaires à ceux de l'encre acrylique à 100 %. La comparaison des couleurs entre l'encre acrylique cible et les échantillons d'encre de soja en termes de différence de couleur a été trouvée inférieure à AE=1, ce qui est en accord avec les normes AE utilisées dans l'industrie graphique et d'impression. Les résultats suggèrent que le véhicule de soja peut être utilisé pour remplacer le véhicule acrylique dans les encres flexo à base d'eau. Cela permet de formuler une encre à base d'eau véritablement respectueuse de l'environnement, qui contribue également à réduire l'émission de COV.

Le travail futur suggéré pour cette recherche serait d'effectuer des tests supplémentaires pour la dispersion des pigments de toutes les couleurs du processus en utilisant le véhicule ProSoy 7475 dans les formulations d'encre à base d'eau. Les paramètres d'impression sur différents substrats peuvent être analysés. Les courbes rhéologiques des échantillons contenant les incréments de véhicule de soja devraient être analysées à l'aide d'un rhéomètre à contrainte dynamique et comparées aux encres flexo commerciales afin d'évaluer les performances d'imprimabilité et de coulabilité. Les formulations étudiées dans le cadre de cette recherche devraient également être testées sur une presse flexographique commerciale afin d'étudier les performances de l'encre et de déterminer si les résultats à grande échelle correspondent aux résultats obtenus en laboratoire.

RÉFÉRENCES

[1] Makin M., conférence de presse à GRAPH EXPO, septembre 2017.

[2] Responsabilité par tous les moyensProspérité   pour tous   , accessible
à partir de

https://sgppartnership.org/?PageID::=%3A2, 30 octobre 2018.

[3] Sustainable Green PrintingPartnership   (SGP)   Consulté   le   30
octobre 2018 sur le site suivant

http://www.pianko.org/aws/PIAKO/pt/sp/sgp.

[4] Packaging outlook 2018, site internet : https://www.packagingstrategies.com/articles/90260-
packaging-outlook-2018-paperboard-packaging-overview [consulté le 31 oct. 2018].

[5] Impastato, M., Sustainable Packaging and Ink, Ink World, 24 juin 2009, consulté en octobre.
2018 de   https://www.inkworldmagazine.com/issues/2007-03/view caractéristiques/durable-
l'emballage et l'encre.

[6] Rentzhog, R. Impression flexographique à l'eau sur du carton revêtu de polymère Thèse de doctorat
à l'Institut royal de technologie de Stockholm, Suède 2006

[7] Crossley. D. Aperçu du marché du papier et des boîtes en carton ondulé. Récupéré en novembre
2018 sur https://www.rightplace.org/assets/img/uploads/resources/Packaging_Don-Crossley.pdf

[8] Flexographic Process, in Helmut Kipphan (Ed.) *Handbook of Print Media Technologies and
Production Methods Springer-Verlag* Berlin Heidelberg New York, 2001.

[9] Argent D., Field S., Patterson C, Gilbert S., Sickinger G., Flexography : Principles and Practices,
FFTA Inc, Ronkonkoma NY, 1999, Volume 5.

[10] Argent D., Flexographic Image Reproduction Specifications and Tolerances (FIRST) Book, 3rd
Edition Un ensemble complet de processus procéduraux FTA Connection FLEXO PRINTABILITY OF
LINERBOARD. Ronkonkoma NY, 1999, Volume 5

[11]   Harper Ectophotography™ Digital Volume (EDV) Chart Imperial/Metric, téléchargé sur

http://www.harperimage.com/AniloxRolls/XLT-Anilox-Roll/product-4, le 30 octobre 2018.

[12]   Rouleau anilox et cellules. (s.d.). Consulté le 30 octobre   2018,   à l'adresse

suivante .

https://www.diytrade.com/china/pd/12034078/Anilox_Rouleaux.html

[13]   ARC International. Options mécaniques. Récupéré en novembre 2018 de

https://www.arcinternational.com/products/anilox-rolls-ww/

[14]   Plaque flexo. Récupéré en novembre 2018 de

https://imprentasargentinas.com/2017/09/11/que-es-la-flexografia/carrossel-cyrel-

02_41989001425307698/.

[15]   Leach, R. H. (2007). Le manuel des encres d'imprimerie. Springer Pays-Bas.

[16]   Altay, B.N., Joyce, M., Fleming, P.D., Rong, X. (2017). Vers la formulation d'une encre de nickel

conductrice pour l'impression flexographique. Actes de l'Association technique des arts graphiques,

10-19.

[17]   "Types de pigments" Colorants et pigments https://www.journals.elsevier.com/dyes-and-

pigments

[18]   Davis, S. Imprimez plus, gaspillez moins - réduisez vos déchets d'encre. Institut de prévention de la

pollution 2017.

Récupéré sur   novembre 2018 de

https://www.sbeap.org/files/sbeap/publications/ink_recycling.pdf.

[19]   Kipphan H., Handbook of Print Media : Technologies and Production Methods, SpringerVerlag

Berlin Heidelberg New York, Edition, 2001. p. 131.

[20]   Janule, V.P., Mesure dynamique de la tension superficielle des encres à base d'eau : formulations,

frustrations et flexibilités. Ink & Print Summer 1994 v12 n3 p25(6)

[21]   Weinzimer, Mel, Evolution de la technologie des encres à base d'eau. Polymers Paint Colour

Journal, Feb 1996 v186 n4377 p35(2)

[22] Lichtenberger, M. (2004). Encres à base d'eau. Water Based Inks, CE(527). Consulté le 10 novembre 2018 à l'adresse http://davidlu.net/Matt.pdf.

[23] Tester la prévisibilité des encres flexographiques à base d'eau sur des substrats en plastique Matthew T.

Moran téléchargée le 5 novembre   2018depuis   :

https://scholarworks.rit.edu/cgi/viewcontent.cgi?article=4774&context=theses

[24] Xu, Qingyi, Mitsutoshi Nakajima, Zengshe Liu et Takeo Shiina, "Soybean-based surfactants and their applications", Soybean-Applications and Technology, Prof. TziBunNg (Ed.), ISBN : 978-953-307-207-4, InTech, Book Chapter (2011) Chapter 20:341-364, Disponible sur : http://www.intechopen.com/books/soybean-applicationsand-technology/soybean-based-surfactants-and-their-applications

[25] Kinsella, John E. "Functional properties of soy proteins". Journal of the American Oil Chemists' Society 56, no. 3 (1979) : 242-258

[26]   Composition du soja. (s.d.). Consulté le 5 octobre   2018, à l'adresse suivante .

https://www.cornandsoybeandigest.com/issues/agriculture-infographics#slide-2-field_images- 71731

[27] Swiatek, Jeff. "Farmers Help Soy Ink makes its Mark" Indianapolis Star 26 janvier 1992. ProQuest

[28] Sevim Erhan, Marvin Bagby, "Vegetable-oil-based printing ink formulation and degradation", Industrial Crops and Products 3, no. 4 (1995) : 237-246

[29] Soya.be, Les avantages de l'encre de soja, consulté le 5 novembre 2018 sur

http:/www.soya.be/soy-ink- avantages.php.

[30] Sharen Brower, " Soy ink based art media ", brevet américain US5167704A, décembre 1992

[31] Keith Smith, "Industrial uses of soy protein : New idea", 87th AOCS Annual meeting & Expo, 1996 ; 7(11):1212-1223

[32]   Paul M. Graham, Thomas L. Krinski, " Heat coagulable paper coating composition with a soy protein adhesive binder ", brevet américain US 4421564 A, décembre 1983

[33]   BioBook, Quelle est la structure générale d'une protéine ? Consulté le 5 novembre 2018 sur le site https://adapaproject.org/bbk_temp/tiki-.

index.php?page=Feuilles%3A+Que+est+la+structure+générale+d'une+protéine%3F

[34]   Dhiman Goswami, Amlan Saha et Saurav Dhar, qPMS Sigma - Un algorithme parallèle efficace et exact pour le problème de recherche de motifs (l, d) plantés, thèse de B.Sc. en informatique et ingénierie, département d'informatique et d'ingénierie, Université d'ingénierie et de technologie du Bangladesh, février 2017.

[35]   Khodabakhsh, Z M. (2013). Encre pour jet d'encre à base de soja. Thèses de maîtrise. 438. http://scholarworks.wmich.edu/masters_theses/438

[36]   Patil, B. H. (2015). Récupéré en novembre 2018 Formulation et évaluation d'encres résistives à base de polymère de soja, imprimées en héliogravure pour des applications dans l'électronique imprimée. de Thèses de maîtrise. 667.http://scholarworks.wmich.edu/masters_theses/667

[37]   Aperçu de l'ISO/PAS 15339-1:2015

Technologie graphique -- Impression à partir de données numériques à travers des technologies multiples -- Partie 1 : Principes

[38]   Delta E. Récupéré en novembre 2018 à partir de http://help.efi.com/fieryxf/KnowledgeBase/color/Delta%20E_H_T.pdf

[39]   Joyce, M. (2012). " Propriétés optiques des matériaux ", Récupéré en novembre 2018 de PAPR 5301 Course notes, Western Michigan University, Kalamazoo, MI.

[40]   Joyce, M. (2012) Notes de cours PAPR 5301 : Propriétés optiques des matériaux. Western Michigan University, Kalamazoo, MI.